从零开始学做菜

天天见面

高瑞珊 编著

中国人口出版社
China Population Publishing House
全国百佳出版单位

图书在版编目（CIP）数据

天天见面/高瑞珊编著. --北京：中国人口出版社，2014.5

（薇薇小厨）

ISBN 978-7-5101-2451-8

Ⅰ.①天… Ⅱ.①高… Ⅲ.①面食-食谱 Ⅳ.①TS972.132

中国版本图书馆CIP数据核字（2014）第075133号

天天见面

高瑞珊　编著

出版发行	中国人口出版社
印　　刷	北京尚唐印刷包装有限公司
开　　本	720毫米×960毫米　1/16
印　　张	5
字　　数	50千字
版　　次	2014年5月第1版
印　　次	2014年5月第1次印刷
书　　号	ISBN 978-7-5101-2451-8
定　　价	18.80元

社　　长	陶庆军
网　　址	www.rkcbs.net
电子信箱	rkcbs@126.com
总编室电话	(010)83519392
发行部电话	(010)83534662
传　　真	(010)83515922
地　　址	北京市西城区广安门南街80号中加大厦
邮　　编	100054

我们都爱面面

在几十分钟时间内下厨房搞定一顿饭，好像不是什么难事，但是，如果还要色香味俱全、营养搭配合理，这恐怕就是一个要花心思好好研究的问题了。

给你支一道妙招吧！没错，就是好吃的面！

面这种东西，说简单，可以简单到将现成的面条煮熟拌拌调料就端上桌子，正如四川的宜宾燃面；要说复杂，也可以让人为了卤汁的香醇而提前好几天烧火熬制，正如陕西的羊肉烩面。其实，不管时间长短，只要掌握了面条的制作要点，这几十分钟将变成一个非常简单而快乐的过程。而现在你手上拿的这本书就能让你成为这方面的行家！

简单，是因为足不出户，它就能让你吃遍大江南北所有著名的风味面条。快乐，则是因为它还能让你在最短的时间内掌握关于面条的所有技艺，包括如何区分各种面粉的筋度，怎样自己动手和面、擀面……

中国人可以说是最早开始吃面也是最会吃面的民族。关于如何做面、如何煮面、如何调制面的风味，各个地方都有一套自己的做法。不过万变不离其宗，始终还是跳不开面与味这两个最基本的元素。面的厚薄、长短各异，味道更是千差万别。用同样的面粉和面，扯得大一点，就成了铺盖面；蒸得透些，就变成了蒸面；搭配一些鸡丝，立刻就有了鸡丝凉面；配点鲜虾馄饨，一道鲜香扑鼻的鲜虾云吞面就可以端上桌了……

所以，不管南方人还是北方人，口味重的还是口味淡的，无论单身的还是需要照顾一大家子人的，在这本“宝典”中，都能找到适合自己以及家人的美味。同时需要说明的是，书里的每一道面食，从原材料清洗、加工到具体烹饪步骤，都有详细的说明和步骤图演示。每一道面食都经过了三遍以上的试做，能确保无论你是第一次学，还是以后每一次做，都能够成功。

高瑞珊

邮箱：328961468@qq.com

目录

书中参考用量单位 :**大匙 (15ml) 小匙 (5ml)**

*本书所有材料，全国各大农贸市场和超市均有售，也可从电子商务网站购得。

新鲜的切面

切面，又叫“水面”，就是那种在超市或者面铺里卖的用机器轧好的面。通常宽度如韭菜，不同的地方也有宽细不同的种类。这种面买回家下锅一煮，既有新鲜面条的筋道，又免去了自己和面、擀面的程序，是极受欢迎的一种“方便面条”。

挑担沿街香

四川担担面

准备及烹饪时间：30分钟

■ 特色：

担担面是四川的名小吃，淋上卤汁，面白汤红，咸鲜微辣。最重要的一点是，调料一定要放足，作为一道四川的名小吃，红油辣椒绝对是必不可少的。

■ 做法：

1. 将五花肉剁碎备用。
2. 锅中放油烧热，放入五花肉碎，炒干水分。加盐、老抽上色，直到猪肉吐油、肉酥并且呈现金黄色。
3. 加入葱、姜、蒜末爆香，再放入红油辣椒、芽菜煸炒，加料酒、盐、生抽、米醋，点少许高汤，出锅时放入芝麻酱炒匀，卤汁便制成了。
4. 锅中烧水，水开后下面条，待水再开的时候，加入油菜心和豆苗焯熟，随后一起捞出。
5. 将做好的卤汁放在面上，可适当加入高汤，再撒上葱花和油炸黄豆即可。

■ 温馨提示：

1. 芽菜最好选用四川宜宾的芽菜末，超市有售。
2. 红油辣椒的具体做法是：油烧至 70～80℃的时候关火，凉至 40℃左右的时候，倒入辣椒粉和白芝麻，搅拌均匀，晾凉后就成了红油辣椒。做菜的时候，一般用的都是上面的红油。
3. 做油炸黄豆需要提前把黄豆泡好，然后过油炸熟即可。

● 主料：

水面	200g
五花肉	100g

● 辅料：

葱花	10g
芽菜	20g
豆苗	20g
油菜心	2 棵（约 50g）
油炸黄豆	20g
葱末	10g
姜末	10g
蒜末	10g

● 调料：

油	50ml
红油辣椒	1 小匙
老抽	1 小匙
生抽	1 小匙
料酒	1 小匙
米醋	1 小匙
芝麻酱	10g
高汤	300ml
盐	少许

一壶香油洒出的中国名面

武汉热干面

准备及烹饪时间：45 分钟

■ 特色：

热干面是中国五大名面之一，它的诞生完全是个偶然——相传很久以前有个小贩在汉口卖凉粉和汤面，一天，他将没卖完的面条煮熟后放在案板上晾，不小心将油壶里的香油洒到了面条上，他只好把面拌匀继续晾。第二天他将面在沸水里烫了一下，浇了些凉粉的调料，竟然香气四溢，引得人们争相购买。自此，热干面便流传开来。

■ 做法：

1. 将面放入沸水中，稍微烫一下、煮一下足矣，注意不能煮太软。
2. 将面条捞出，放在案板上晾干，可以用电风扇吹。一边晾一边往面上淋适量香油搅拌，直到面凉为止。
3. 另取适量香油将芝麻酱调成稀糊状的芝麻酱汁备用。
4. 锅中烧开水，将拌好的面装入漏勺里，煮约 1 分钟就捞出来，盛入碗中。
5. 把芝麻酱汁、老抽、蒜汁、鸡精、盐等调料放入面中搅拌均匀，最后撒上葱花、熟花生碎即可。

■ 温馨提示：

1. 最后调味的时候注意老抽要少加，芝麻酱汁一定要多。
2. 喜欢吃辣的可以放辣椒酱，这也是武汉热干面的基本配料之一。近几年来也常有加酸豆角、海带丝、萝卜丁、腌菜的，虽然也好吃，却会掩去芝麻酱原有的浓香。

● 主料：

水面	200g

● 辅料：

葱花	少许
熟花生碎	少许

● 调料：

香油	1 大匙
芝麻酱	1 大匙
老抽	1 小匙
蒜汁	适量
鸡精	1/2 小匙
盐	1/2 小匙

西府一绝

陕西臊子面

准备及烹饪时间：50 分钟

■ 特色：

陕西臊子面的用料和制作都极为讲究，此面得名于民间的传说。据说陕西岐山一农家媳妇，做了顿美味的面条，滑润且调料丰富，全家人吃了都赞不绝口。亲戚朋友来做客，也品尝到了这美味的面条，遂将其命名为“嫂子面”，广为传扬，天长日久，“嫂”变成了谐音“臊”，并一直延续至今。

■ 做法：

1. 北豆腐切小块，黄花菜泡发切段备用，木耳泡发切碎。鸡蛋搅碎，入锅摊成蛋皮，切成菱形片。蒜苗切成碎末，土豆、胡萝卜切丁备用。五花肉切丁备用。
2. 净锅放油烧热，放入土豆丁和胡萝卜丁，加盐和鸡精炒熟后盛出。
3. 另起锅热油，将切丁的五花肉放入，用中小火炒至锅中的油变清时，加入适量的五香粉、葱段和干辣椒段。再稍炒一会儿，加入老抽、山西陈醋，然后再加入盐、辣椒粉，搅拌均匀后臊子就做成了，将其盛出备用。
4. 另起一锅，锅内多放油烧热，加入姜末、少许五香粉炒香，此时将山西陈醋倒入锅中（多放一些），烧开后加入适量水，再加入臊子、盐、鸡精搅拌均匀。
5. 将炒好的土豆丁、胡萝卜丁、豆腐块、木耳碎、黄花段、鸡蛋片撒入汤中；等汤锅煮开后再撒入蒜苗末。
6. 将面煮熟后捞出盛入碗中，倒入上一步制好的汤即可。

■ 温馨提示：

炒臊子的时候，一定要最后放辣椒粉，而且不能加水。

● 主料：

水面	200g
五花肉	150g

● 辅料：

北豆腐	100g
黄花菜	10g
木耳	10g
蒜苗	50g
土豆	1 个
胡萝卜	1 根
鸡蛋	1 个

● 调料：

油	100ml
老抽	1 小匙
姜末	5g
五香粉	2 小匙
葱段	适量
陕西陈醋	适量
干辣椒段	适量
辣椒粉	1 小匙
鸡精	少许
盐	少许

一口气吃完才够味

京味打卤面

准备及烹饪时间：50 分钟

■ 特色：

打卤面是将面条煮好后，浇上卤制成的面食。京味打卤面中的卤做法多样，一般用黄花菜和木耳、肉片作为原料，也有用鸡蛋和西红柿做卤的。这道面食过去是平民百姓最爱的食物之一，每逢过年，家中必备。

■ 做法：

1. 将香菇、黄花菜、木耳分别充分浸泡，葱切成末备用。锅中放油烧热，放入肉末，加葱末、姜末炒熟。
2. 香菇切片，与黄花菜、木耳一起放入锅中，加入适量的清水煮 15 分钟。
3. 汤中加入盐、鸡精、老抽调味，然后加水淀粉勾芡，再加入打散的鸡蛋，炒散盛出备用。
4. 另起锅放油烧热，放入花椒和蒜炒出香味，捞去花椒，将热油均匀地淋在刚做好的卤上，卤汁便做好了。
5. 另起一锅，烧水煮面。面熟后捞出，浇上做好的卤汁即可。

■ 温馨提示：

1. 泡发黄花菜、木耳也有讲究，正确的方法是用凉水泡木耳，用温水泡黄花菜。
2. 注意卤不要太咸，能让人连汤带卤痛痛快快地一气吃完最好。

● 主料：

水面	200g
肉末	50g

● 辅料：

鸡蛋	2个
黄花菜	10g
香菇	50g
木耳	5g

● 调料：

油	50ml
葱	适量
姜末	适量
蒜	适量
花椒	1 小匙
水淀粉	2 小匙
老抽	2 小匙
鸡精	1 小匙
盐	1 小匙

2

3

4

可以点燃

宜宾燃面

准备及烹饪时间：50 分钟

■ 特色：

宜宾燃面，原名叙府燃面。为何叫燃面呢？宜宾燃面的面条要煮到硬，出锅后甩到干，再用香油调拌，到最后可以达到用火柴能点燃的程度。同时辣椒的量也是足足的，吃得你嘴里冒火——也不枉燃面的名字。如今，燃面已经成为四川面食的另一大特色，被誉为“巴蜀一绝”。

■ 做法：

1. 用刀背将熟花生米压碎，小葱和香菜洗净切碎备用。
2. 将面条在锅中煮至八成熟，用漏勺盛出，沥干水分。
3. 将面放入碗中，加入香油，用筷子拌散，直到面条完全分散。
4. 在面上加入老抽、芽菜、红油辣椒、鸡精、葱花、香菜末、花生碎，搅拌均匀即可。

■ 温馨提示：

1. 如果没有芽菜，也可用雪菜代替。
2. 用来制作燃面的面条，要选择水分少的，下锅煮至刚断生即可，并且一定要沥干水分，才能使面条能够“点火即燃”。
3. 关于红油辣椒的做法，可以参考前文四川担担面中的相关步骤。

● 主料：

水面	200g

● 辅料：

熟花生米	50g
芽菜	20g

● 调料：

香油	2 小匙
老抽	1 小匙
红油辣椒	2 小匙
鸡精	少许
小葱	适量
香菜	适量

一气蒸成

河南蒸面

准备及烹饪时间：40 分钟

■ 特色：

蒸面在河南是一种非常普遍的面食。北京也有做蒸面的，与河南做法的不同之处在于，北京的做法是直接把新鲜的面条放在菜里蒸，而河南的做法是先用油把面拌一下，蒸过之后还要和菜一起焖。哪种做法更好吃，就见仁见智了。

■ 做法：

1. 豇豆切段，西红柿切片备用。
2. 将面条用油拌好之后放入盛有凉水的蒸锅中。水开后继续蒸约 12 分钟，关火取出并将面抖散以备用。
3. 猪肉切片，放入油锅炒至断生，把盐、醋、老抽、鸡精等调料依次加入调味。
4. 继续放入豇豆，炒至六成熟，加西红柿片，翻炒均匀。
5. 加适量清水，将锅中的菜焖 5 分钟后，倒出80% 的汤汁备用，然后把蒸好的面平铺在菜上，盖上锅盖继续焖 10 分钟；同时，分数次把倒出的汤汁浇在面上，待汤汁收干后即可。

■ 温馨提示：

1. 蒸好的面不用放凉就可以直接码在菜上。
2. 焖面的时候火不能太大，否则容易煳。要用中火且不能搅动面条，因为面和汤混在一起，搅动后会把面弄烂。
3. 也可在面中加入蒜末，蒜末的多少可依据个人的口味而定。

● 主料：

水面	200g
猪肉	100g

● 辅料：

豇豆	50g
西红柿	1 个（约 100g）

● 调料：

油	50ml
老抽	1 小匙
醋	1 小匙
鸡精	1 小匙
盐	1 小匙

一碗面也是丰盛美餐

肉排卤蛋面

准备及烹饪时间：70 分钟

■ 特色：

人们一直都把面条当成填饱肚皮的快捷食品，总是秉承着简单至上的原则，久而久之，面也就失去了吸引力。这道肉排卤蛋面可以说是一个转变，它以一种豪华的手法将一碗面做成了丰盛的美餐，让你同时品尝多种美味的醇香，也能重新拾回吃面的热情。

■ 做法：

1. 猪肘处理干净，先在一边切开一道口，然后在猪肘上均匀地抹上盐、老抽和五香粉备用。
2. 锅中放入猪肘，倒入清水，水要没过猪肘，然后加入适量盐、老抽、糖、葱段、姜片、桂皮、大料，大火烧开后放入料酒，然后改小火熬炖 1 小时左右。
3. 炖煮的过程中，将适量汤汁取出，放入去皮的煮鸡蛋腌制成卤蛋，同时将西蓝花和小油菜焯熟。
4. 猪肘炖好后取出，去骨切片。取适量炖猪肘的汤汁和高汤混合。放入煮好的面条，再放上猪肘肉片、切好的卤蛋以及焯熟的小油菜和西蓝花，最后撒上香葱粒即可。

■ 温馨提示：

1. 如果没有猪肘，用五花肉也可以。
2. 炖猪肘的时候要注意老抽和盐的用量以及卤汁的浓度，以免过咸。做面的汤底时，要加入适量高汤冲淡。

● 主料：

猪肘	250g
面条	200g
煮鸡蛋	2 个（约 100g）

● 辅料：

小油菜	50g
西蓝花	50g
香葱粒	10g
葱段	20g
姜片	10g
高汤	适量

● 调料：

五香粉	适量
盐	2 小匙
料酒	1 大匙
老抽	1 大匙
糖	1 小匙
桂皮	适量
大料	适量

大排闪亮登场

炸大排面

● **主料：**

水面	200g
猪排	3 块

● **辅料：**

鸡蛋	2 个（约 100g）

● **调料：**

油	70ml	盐	1/2 小匙
高汤	100g	鸡精	1/2 小匙
面包粉	50g	糖	1 小匙
姜片	2 片	葱花	少许
生抽	1 小匙	白胡椒粉	少许
料酒	1 小匙		

准备及烹饪时间：40 分钟

■ 特色：

炸大排面的最大亮点就在猪排上。猪排一定要炸得金黄酥脆，咬一口，猪肉鲜香无比，让你吃到满嘴流油，还微微带点余香回味，伴着面条一股脑儿地吃下去，那才叫痛快。

■ 做法：

1. 一个鸡蛋取蛋清备用。另一个鸡蛋打散，锅中放油烧热，将鸡蛋煎成蛋饼，盛出切成鸡蛋丝备用。
2. 用刀背将猪排正反两面拍松，放于大碗内，加姜片、盐、鸡精、少许白胡椒粉、料酒、生抽、糖，拌匀后腌制 10 分钟。然后将猪排取出，蘸蛋清、面包粉。
3. 锅中放油烧至七成热时，将猪排放入，炸至两面金黄后盛出沥油。
4. 另起锅用高汤煮面，面熟后捞入碗中。
5. 碗中加煮面的汤料，再加鸡精、盐、生抽、适量糖调味，最后摆上猪排，撒上切好的鸡蛋丝和葱花，诱人的炸大排面即刻呈现。

■ 温馨提示：

炸大排面中可以加一些焯熟的青菜，这样营养搭配比较合理，也不会太油腻。

2

3

4

家常的魔力

榨菜肉丝面

准备及烹饪时间：25 分钟

■ 特色：

榨菜肉丝面既有榨菜的咸香脆嫩，又有猪肉的肉香，非常开胃，因此成了普通人家的一道家常面食。它用最朴实的一面吸引了无数食客，虽然平常无奇，却拥有超群的诱惑力。

■ 做法：

1. 榨菜切丝备用，瘦肉丝加生抽、料酒，搅拌均匀后腌制 10 分钟使其入味。
2. 锅中烧热油，加入瘦肉丝炒熟，再加入榨菜丝及少许盐、鸡精炒约 1 分钟。
3. 用高汤将面煮熟后，捞入大碗中，加适量面汤。
4. 将炒好的榨菜肉丝放入碗中，再撒上葱花即可。

■ 温馨提示：

榨菜分为两种：一种是需要泡水之后再炒的老榨菜，另一种是洗净后可以直接炒制的嫩榨菜。调味的时候都要注意盐的用量，以免过咸。此外，超市里卖的袋装榨菜也可以，不过事先也要将其清洗一下。

● 主料：

水面	200g

● 辅料：

榨菜	50g
瘦肉丝	50g
葱花	少许

● 调料：

油	50ml
高汤	100ml
料酒	1/2 匙
生抽	1 大匙
鸡精	1 小匙
盐	1 小匙

好吃看得见

香辣牛肉面

准备及烹饪时间：1小时40分钟

■ 特色：

这是实实在在的一碗面，也许在你饿得发慌的时候，只有端上一碗喷香诱人的香辣牛肉面才能让你气定神闲。整碗面从内到外都散发着牛肉的浓浓香气，还有调皮的微辣吸引着你吃个不停。一碗面吃完，真的是让人心满意足。

■ 做法：

1. 牛肉切大块，放入沸水中焯去血水后捞出，沥干水分。锅中放油烧热，加入白砂糖用小火炒糖色。
2. 再放入牛肉块，加料酒，改中火翻炒均匀，然后加红油辣椒同炒。
3. 将牛肉移入炖锅，下高汤、盐、老抽、姜、蒜、干辣椒、香叶、花椒、大料、葱段，烧开后转小火炖煮1小时30分钟，加鸡精调味。
4. 另起锅，烧水煮面，面熟后捞起放入碗里。同时在关火前将小白菜心放入锅中焯熟。
5. 面上摆数块牛肉，淋上牛肉汤汁，放入焯好的小白菜心和葱花即可。

■ 温馨提示：

1. 用来制作牛肉面的牛肉最好选用牛肋上的肉，此部位的肉比较可口。
2. 加入的红油辣椒只用其中的红油就可以了，不用把里面的辣椒糊也放进去，因为后面会加入红红的干辣椒，非常诱人。

● 主料：

水面	200g
牛肉	100g

● 辅料：

小白菜心	6棵
姜	适量
蒜	适量
干辣椒	少许
大料	适量
香叶	适量
葱段	适量
葱花	适量
花椒	1小匙

● 调料：

油	50ml
高汤	100ml
白砂糖	2大匙
料酒	1小匙
红油辣椒	2小匙
老抽	2小匙
鸡精	少许
盐	少许

有肉的面，人人恋

红烧排骨面

● **主料**：

猪排骨	500g
面条	200g

● **辅料**：

花椒	适量
大料	2个
小油菜	50g
胡萝卜	50g
香葱粒	10g
小红辣椒	10g
姜片	适量
葱段	适量

● **调料**：

油	30ml
酱油	2大匙
料酒	1大匙
盐	2小匙
糖	2小匙
胡椒粉	1小匙

准备及烹饪时间：50分钟

■ 特色：

如果把面条分为荤素两类的话，想必是带荤腥的要更加受欢迎。面和排骨的搭配，就是许多人的最爱。如果每次嘴馋时，都要去忍受外面餐馆里高价低质的排骨面，感觉一定会大打折扣。现在自己在家也可以做了，还不赶快让自己来主宰和排骨面的美味约会!

■ 做法：

1. 猪排骨剁成合适大小的块，放入开水中焯一下，撇去血沫后捞出。
2. 锅中放底油，放入姜片、葱段、小红辣椒，爆出香味后，放入排骨翻炒，然后加入酱油、料酒、盐、糖、花椒、大料和适量清水，小火炖40分钟左右。
3. 另起锅烧水将面条煮熟，同时将小油菜、胡萝卜洗净，胡萝卜切片，连同小油菜一起放入沸水中焯熟后，放在煮好的面条上，再浇上炖好的排骨和汤，最后撒上胡椒粉和香葱粒即可。

■ 温馨提示：

最好买猪小排，同时请商贩代劳将其剁好，这样可以省去不少时间。

怪味的魅力

鸡丝凉面

准备及烹饪时间：30 分钟

■ 特色：

口感筋道的鸡丝凉面是四川的传统小吃，历史悠久。凉面的润滑，鸡丝的鲜美，豆芽的脆嫩清香，加上调料咸、甜、麻、辣、酸兼备，让你每吃一口都有不同的味觉体验，舌尖总是洋溢着一种莫名的欣喜，怪不得人们把它的味型叫作“怪味”呢!

■ 做法：

1. 将鸡肉放入碗内，加入盐、料酒拌匀后，上锅蒸约 10 分钟至熟，然后按照鸡肉的纹理将其撕成细丝。黄瓜洗净，斜切成细丝备用。
2. 烧开水后放入面条，待其断生后即刻捞起过冷水，沥干水分后，放在案板上淋油抖散，使之快速降温的同时互不粘连。
3. 绿豆芽在沸水中焯至断生，捞出放在面碗底部。
4. 将凉面均匀地盖在绿豆芽上，淋上红油辣椒、花椒油、芝麻酱、生抽、陈醋，撒上鸡丝、鸡精、盐和蒜泥，搅拌均匀即可。

■ 温馨提示：

1. 为了让煮出来的面条不粘连，煮面条时水要多，火也要大。
2. 鸡肉最好选用鸡胸肉。

● 主料：

水面	200g
鸡肉	100g

● 辅料：

绿豆芽	100g
黄瓜	1 根（约 100g）
蒜泥	少许

● 调料：

油	50ml
料酒	1 大匙
红油辣椒	2 大匙
芝麻酱	2 大匙
花椒油	1 小匙
生抽	1 小匙
陈醋	1/2 小匙
鸡精	少许
盐	少许

1

2

4

夏天最爱

韩国冷荞面

准备及烹饪时间：1 小时

■ 特色：

韩国冷荞面，酸酸甜甜，清新爽口，非常适合在炎热的日子里食用。吃一口面，喝一口汤，美妙的感觉顿时传遍全身，这种感觉，怎一个爽字了得！

■ 做法：

1. 将葱、姜、白萝卜、牛肉切成 5 厘米长、手指粗细的条，和桂皮、大料一起放入锅中加水慢火煮 40 分钟。
2. 煮好后，除去汤上浮油，在锅中加入胡椒粉，然后将汤用滤网过滤成没有杂质的清汤。向汤中加入冰糖，加热到冰糖融化后，再倒入生抽搅匀，然后放入黄瓜片、少量的苹果片和柠檬汁、白醋，并将汤汁放凉。
3. 烧水煮熟荞面，将面取出并用凉水浸泡。需要不断搓洗去除面上的黏液，沥干水分后凉凉。
4. 将事先做好的汤淋在冷荞面上，放上辣白菜、芝麻、葱花、海带丝、梅子肉、熟鸡蛋即可。

■ 温馨提示：

1. 冷荞面的汤是关键，加入黄瓜、苹果和柠檬汁之后再放两天，汤汁的味道更佳。
2. 如有条件，生抽最好选用韩国生抽。

● 主料：

荞面	200g
辣白菜	100g

● 辅料：

牛肉	200g
白萝卜	1 根（约 100g）
熟鸡蛋	1 个
黄瓜片	少许
苹果片	少许
海带丝	少许
梅子肉	少许
葱	适量
姜	适量
桂皮	适量
大料	5g
芝麻	少许
葱花	少许

● 调料：

冰糖	2 大匙
生抽	1 大匙
柠檬汁	1 小匙
胡椒粉	1 小匙
白醋	1 小匙

自家的擀面

中国传统的手擀面真是有太多的说道，不仅手上的功夫要巧，更需要掌握擀面环节的各种技巧，例如面与水的比例、饧面的时间等，只有真正掌握了这些技巧，才能让擀出的面条既筋道，又能保持稳定的形状。手工擀出来的面条最能显出“面”本身的质感，我们吃的也就是这种“面”本身的味道。

中原美食的精华

羊肉烩面

准备及烹饪时间：1 小时

■ 特色：

烩面是一种汤、菜、面兼而有之的传统风味小吃，有羊肉烩面、三鲜烩面、什锦烩面等多种类型。烩面的面为扯面，类似于拉面，但稍有不同。一般用精白面粉，兑入适量盐碱，和成软面，经反复揉搓，使其筋韧。烩面的精华全在于汤，羊肉汤要选用上好鲜羊肉，经反复浸泡后方能下锅。

■ 做法：

1. 将面粉与盐和匀，加水和面，饧 30 分钟左右备用。将羊肉切成小丁，用热水焯一下，除去血沫。
2. 将生姜拍破和大葱段、花椒、大料、桂皮、小茴香、草果、香叶、丁香、当归、枸杞子一起用纱布包住，制成香料包。煮一锅开水，放入香料包和羊肉，煮半小时以上制成羊肉汤。
3. 豆腐皮洗净切丝，粉丝泡发后切长段，黄花菜用水泡发，木耳用水泡发后撕开，香菜洗净切段备用。
4. 先将面团揉成长条，然后用刀切成小剂子，再擀成约 3 厘米宽的长方形面片，用手左右抻拉成薄面条，即可下锅煮制。
5. 羊肉汤烧开后，下入面条，轻轻拨散，待锅中汤汁再开后，下入豆腐皮丝、粉丝、黄花菜、木耳，煮至面条、配料均熟后，放入少许料酒、盐、鸡精，淋少许香油，撒上香菜段，即大功告成。

■ 温馨提示：

羊肉烩面出锅后要赶紧吃，否则会因为浸泡时间长而使面条的口感大打折扣，吃的时候可以搭配糖蒜和油炸辣椒一起吃。

● 主料：

面粉	500g
羊肉	100g

● 辅料：

豆腐皮	20g
粉丝	20g
黄花菜	20g
木耳	20g
香菜	20g

● 调料：

生姜	10g
大葱段	10g
花椒	1 小匙
大料	2 个
桂皮	适量
小茴香	5g
草果	1 个
香叶	2 片
当归	5g
枸杞子	5g
丁香	5g
香油	1 小匙
料酒	1 小匙
鸡精、盐	各少许

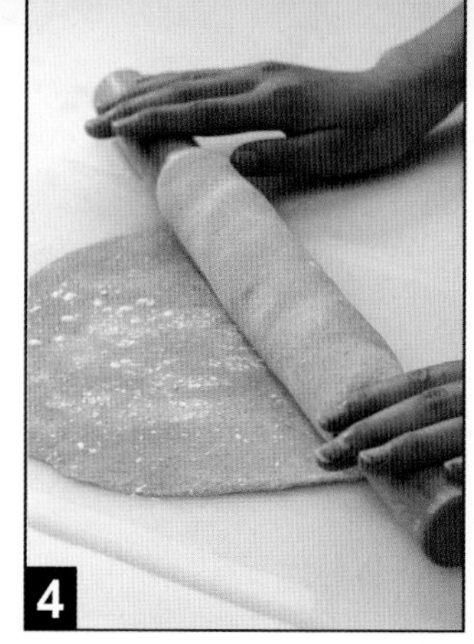

手擀才是王道

菠菜手擀面

准备及烹饪时间：50 分钟

■ 特色：

平常想吃面，都会在外面买现成的面条，回家再加工一下。这样做固然省事，却也无缘品味面的真正魅力。因为手擀面的口感是筋道的、厚实的、无与伦比的，用它做出的各种面条都是解馋又管饱的一流美味。而且如果所有准备工作都由自己亲手操作，那种成就感也是空前的。

■ 做法：

1. 鸡蛋打散，锅中放油将鸡蛋摊成蛋饼，再切成鸡蛋丝备用。菠菜洗净，放入沸水中略焯一下捞出沥干水分。
2. 将菠菜放入榨汁机中打成泥，用纱布沥出多余的水分，将菠菜泥和面粉掺在一起，揉至面团完全变成绿色，饧 30 分钟左右。
3. 取一块面团，用手揉均匀，然后光面向下放在案板上，用擀面杖向四周用力擀开呈片状。
4. 将擀面杖卷入面片中，用手反复向外推卷。如此几次后，将其展开，撒上适量的面粉，从另一个方向继续擀，然后再展开，撒上面粉。如此反复几次，直至将面团擀成非常薄的薄片为止。
5. 将面片切成面条，放入沸水锅中煮 5 分钟左右即可。盛出后撒上适量盐、剁椒酱、辣椒粉、蒜末，将滚油浇在上面，再调入鸡精、生抽、香醋，最后放上些切好的鸡蛋丝就大功告成了。

■ 温馨提示：

加菠菜汁揉面，就可以不用再加水了。还可以把菠菜汁换成番茄汁、胡萝卜汁等，做法基本相同，你有兴趣的话可以试试。

● 主料：

面粉	200g
菠菜	200g

● 辅料：

鸡蛋　1 个（约 60g）

● 调料：

生抽	1 小匙
香醋	1/2 小匙
蒜末	1 小匙
剁椒酱	少许
辣椒粉	少许
鸡精	少许
盐	少许
油	适量

美味扑面而来

铺盖面

准备及烹饪时间：50 分钟

■ 特色：

第一次听说“铺盖面”这个名字，还在纳闷它的由来。铺盖面发源于四川荣昌县，做法是将面团用手揪成大薄片，就好像棉被一样，而在四川，棉被就叫“铺盖”，铺盖面便由此得名。虽然只是在面条的做法上做了小小改动，却让人们吃起来更有新鲜感，这就是铺盖面的独特魅力。

■ 做法：

1. 面粉加适量水和成面团，饧 30 分钟左右。之后将其制成小剂子，然后用手指从各个方向不断向外扯，最后扯成薄薄的一大张（约手掌一般大小）。
2. 将黄豆在锅中焖煮，直到软烂为止。猪肠洗净煮熟，青椒切成菱形片备用。
3. 锅中烧热油，油热后放入郫县豆瓣酱炒香，依次放入猪肠、黄豆、青椒，加水熬成酱汁，最后撒上适量盐、鸡精。
4. 烧水煮面，面熟后捞起入碗，在碗中放入煮好的酱汁，撒上葱花即可。

■ 温馨提示：

和面的时候，水要多放一点，使面团偏稀，这样才好扯。刚开始扯面的时候，由于不熟练，把面扯得千疮百孔也是正常，多练习就是了。

● 主料：

面粉 200g

● 辅料：

黄豆 50g
青椒 1个（约 100g）
猪肠 100g

● 调料：

油 30ml
郫县豆瓣酱 适量
鸡精 1 小匙
盐 适量
葱花 适量

让人眼馋肚饱

扁豆焖面

准备及烹饪时间：30 分钟

■ 特色：

平时矜持的人，估计在面对这样一碗扁豆焖面的时候都会表现出放纵的激情——此时保持自己的形象简直比登天还难。不如赶快卸下你的伪装，披上盛装来迎接这美味盛事，满心欢喜地陶醉在扁豆焖面的浓浓香味中吧！

■ 做法：

1. 将面和好后，按照前文提到的方法做成手擀面，面要擀得尽量薄一点。面条上均匀地洒上少许油备用。
2. 五花肉切片，用料酒 1 小匙、生抽 1 小匙、淀粉 1 小匙腌一下。扁豆择好洗净，蒜拍碎备用。
3. 锅中热油，放花椒爆香后将其捞出，然后放入肉片和姜、蒜、大料，翻炒至肉变色后，放入扁豆，再翻炒几下后，加生抽、盐调味。
4. 锅中放入清水，水量以没过扁豆为准。煮开后，锅中留少许水，将多余的水倒入容器中备用。
5. 将手擀面铺散着放入锅中。转小火，盖上锅盖焖。待汤汁即将收干的时候，在上面浇适量刚刚盛出的汤，反复几次，焖熟即可。

■ 温馨提示：

浇汤的时候，沿锅边一次浇上 2 大匙即可，但不要碰到面条。千万不要一开始就将汤全都放入，否则就煮成热汤面了。

● 主料：

面粉	200g

● 辅料：

五花肉	100g
扁豆	100g

● 调料：

盐	适量
油	50ml
料酒	1 小匙
生抽	2 小匙
淀粉	1 小匙
蒜	适量
姜	适量
大料	1 个
花椒	少许

最个性的“biáng”

油泼面

准备及烹饪时间：50 分钟

■ 特色：

这就是著名的陕西油泼面，也叫“油泼辣子𰻝𰻝面”，这里的𰻝（biáng）是目前笔画最多的汉字，堪称“世界汉字之最”，其文字字形在所有传统字典里都没有收录。这个字独特的发音既说出了面的味，也道出了陕西人那股子直爽劲儿。大师傅们用热油一浇，“刺啦”一声随即上桌，吃罢一碗，辣意犹存，意犹未尽时，大喊一声：“师傅，再‘刺’一碗！”

● 主料：

面粉 200g

● 辅料：

小白菜 100g
豆芽 50g

● 调料：

香葱末 适量
香菜末 适量
蒜泥 1小匙
干辣椒 适量
辣椒粉 适量
盐 适量
油 2大匙

■ 做法：

1. 面粉加水和面，不断揉制出筋力，然后饧 25 分钟。
2. 先将面擀开，再切成条状，然后每根都用擀面杖擀成两指宽，再拉开至 2～3 毫米厚，然后烧水煮面。同时，将小白菜、豆芽洗净，待面条将熟的时候放入小白菜一同煮，并将豆芽焯熟捞出。
3. 煮熟后捞出面条和小白菜，在上面码上香葱末、蒜泥、香菜末和焯熟的豆芽，并撒上盐和辣椒粉。
4. 锅中放油烧滚，放入干辣椒，炸至油呈红色。然后将其泼在面上，此即“油泼面”。

■ 温馨提示：

扯面的时候不用像拉面那么细，扯成两指宽，2～3 毫米厚才能有最佳的口感。

地道的老北京情结

老北京炸酱面

准备及烹饪时间：40 分钟

特色：

在老北京人的眼里，一碗老北京炸酱面，再配上一头生蒜，就是一道人间美味。这样说可能稍微夸张了一点，但作为老北京的传统美食，老北京炸酱面几乎家家都会做，家家都在吃。将朴实的菜码以一个颇为豪华的阵容摆在桌上，一碗面，浇上香甜的炸酱，配着菜码，仿佛生活中的美好全都凝聚在这浓香的炸酱面中。

做法：

1. 将五花肉切成丁，锅中放少许油烧热，以中火煸炒五花肉丁，待其中的油脂析出，放少许料酒、酱油炒匀后将肉丁盛出。葱白切末备用。
2. 锅内留炒肉的油，将干黄酱和甜面酱混合，用适量水稀释一下，放入锅中用中火炒，待炒出香味后，倒入五花肉丁、姜末，转小火，慢熬 10 分钟，其间要不断地轻轻搅拌，最后加入葱白末，炸酱就做成了。
3. 准备菜码，黄瓜、白萝卜洗净切成细丝，豆芽、黄豆、青豆放入沸水中，焯至断生后过凉水。然后按照前面介绍过的方法制作手擀面，之后烧水将面煮熟，捞出过凉水后盛入碗中。
4. 码上各种配菜，淋上炸酱，老北京炸酱面就此完成。

温馨提示：

手擀面可以适当地做粗一些，这样比较好吃，吃起来也比较有嚼劲。

● 主料：

面粉	200g
带皮五花肉	100g

● 辅料：

黄瓜	1/2 根
豆芽	50g
白萝卜	50g
黄豆	50g
青豆	50g

● 调料：

干黄酱	240g
甜面酱	80g
油	30ml
料酒	1 小匙
酱油	2 小匙
葱白	1 根
姜末	少许

瘦身也豪华

素炸酱面

● **主料：**

面粉	200g

● **辅料：**

豆腐	100g
白菜帮	50g
黄瓜	1 根
芹菜	1 根
胡萝卜	1 根
茄子	半个
豆芽	50g
五香黄豆	少许
姜末	少许
小白菜	少许

● **调料：**

干黄酱	200g
甜面酱	80g
油	50ml
鸡精	1 小匙
糖	少许
花椒	8 粒
盐	少许

准备及烹饪时间：50 分钟

■ 特色：

觉得老北京炸酱面的炸酱有些过于油腻? 没关系,这里还有"缩油版" 的素炸酱面。更丰富的用料让这碗炸酱面在气势上丝毫不示弱，谁说瘦身就要一切从简，吃素炸酱面一样可以体验豪华面食的乐趣。

■ 做法：

1. 将豆腐切成 3～4 毫米见方的小丁，在热油中略炸成金黄色，捞出备用。
2. 豆芽、小白菜过水焯熟，黄瓜洗净切丝，白菜帮、芹菜和胡萝卜洗净切丁，茄子去皮切丁备用。
3. 另起锅放油烧热，放入花椒爆香后捞出，然后放入姜末和干黄酱翻炒至出香味。再加入甜面酱炒匀制成素炸酱。
4. 炒匀后,加 50 毫升左右的清水和豆腐丁、白菜帮丁、芹菜丁、胡萝卜丁、茄子丁略炒两分钟，再加入盐、糖、鸡精炒匀。
5. 按照前文的介绍制作手擀面，煮好后过冷水，沥干水分，盛入碗中，码上黄瓜丝、豆芽、五香黄豆和小白菜，淋上素炸酱即可。

■ 温馨提示：

1. 可以根据个人喜好将豆腐丁替换成面筋丁，更有嚼劲。
2. 若是有兴趣的话,可以将鸡蛋打散放在酱里一同炒制。

耐存储的干面

所谓干面，就是已经晒干水分，便于较长时间储存的挂面。因为其水分含量较水面和手擀面都低，因此煮的时间要稍短一些，也更容易收入其他配料的味道。下面介绍的几道以干面为主料制作的面条，就充分体现了上述优点。

1

2

3

十文钱的美味

上海阳春面

准备及烹饪时间：20 分钟

■ 特色：

阳春面，带着浓郁的上海气息，就是最市井化的那种味道。最早的阳春面，汤底是清水的，后来经过上海老店的一番改良，才变成今天的高汤底。农历十月，沪称“小阳春”，市井隐语称“十”为“阳春”，此面售价又是每碗十文钱，故名曰“阳春面”。此面虽清淡，却是以前的平民百姓也可以大方享用的面食。今天，阳春面依旧以其独有的魅力叱咤于美食世界。

■ 做法：

1. 先将鸡蛋打散，锅中放油烧热，将鸡蛋煎成蛋饼，盛出切丝备用。碗中放入少许油和盐备用。然后煮一锅开水和一锅高汤备用。
2. 将挂面放入清水锅中煮熟，然后过凉水，再把面条放到煮沸的高汤中，面浮起之后捞出放入碗中。
3. 碗中再放入少许高汤，加适量盐，撒上葱花和鸡蛋丝即可。

■ 温馨提示：

煮面时需要注意，要将面完全搅散，水开后迅速改为中火。

● 主料：

挂面 200g

● 辅料：

高汤 100ml
鸡蛋 1 个（约 50g）

● 调料：

油 2 小匙
葱花 50g
盐 少许

未出厨房便开吃

西红柿煎蛋面

准备及烹饪时间：20 分钟

■ 特色：

当饥饿的感觉如决堤的洪水般袭来时，常常令人措手不及，若再碰到家中粮食、蔬菜等存货不多的情况，这碗西红柿煎蛋面绝对是最好的救命稻草——短时间内就可以开吃，而且味道也是一流的。如果饿急了，大可以抱着碗在厨房解决。

■ 做法：

1. 西红柿洗净切片，葱、姜切末。
2. 锅中加少许油，把一个鸡蛋煎成荷包蛋备用。
3. 用底油加葱、姜末和西红柿片一起翻炒，炒出汤汁的时候，加水烧开。
4. 锅中再放入挂面，加盐，继续煮 2～3 分钟至熟。
5. 关火前，顺便放些小白菜心，并将另一个鸡蛋打散，入锅制成蛋花，点入少许香油，即可起锅。
6. 最后在面上放上煎好的荷包蛋即可。

■ 温馨提示：

1. 因为用了煎蛋的底油，因此没有必要在汤里面再放鸡精了。
2. 不做煎蛋，直接按照上面的步骤煮面也可以。

● 主料：

挂面	200g
西红柿	2 个（约 100g）
鸡蛋	2 个（约 120g）

● 辅料：

小白菜心	50g
葱	10g
姜	10g

● 调料：

油	50ml
香油	少许
盐	少许

面条也多情

西红柿打卤面

● 主料：

挂面	200g
西红柿	3个
鸡蛋	2个

● 调料：

盐	2小匙
糖	1小匙
油	适量

● 辅料：

葱	少许
香菜	少许

准备及烹饪时间：15分钟

■ 特色：

西红柿炒鸡蛋是家常菜中的明星，酸酸甜甜的味道，是我们从小最爱吃的；到了今天，西红柿炒鸡蛋仍是许多人搭配主食的最爱。用面条搭配西红柿和鸡蛋，省事又好吃，滑过嘴边的面条，会在你嘴角留下让人留恋的多情味道。

■ 做法：

1. 将西红柿洗净后去蒂，切成小滚刀块，香菜洗净切成小段。葱洗净，切成葱花备用。鸡蛋放入碗中打散。
2. 锅中放适量油，油热后将蛋液倒入，并用铲子将蛋液摊成鸡蛋碎，盛出。
3. 锅中放少许油，油热后放入葱花，然后将西红柿块倒入翻炒，待西红柿块变软后放入糖继续翻炒，最后放入鸡蛋碎、盐即可出锅。
4. 另起一锅，放入清水，水开后将挂面放入煮熟。
5. 将煮好的面条盛出，浇上西红柿鸡蛋卤，点缀一些香菜即可。

■ 温馨提示：

也可炒好鸡蛋，直接加入西红柿翻炒，但是这样鸡蛋容易老；不过，优点是鸡蛋里面西红柿的味道更浓郁些，而且油少。

三百年丝缕流传

鸡汤龙须面

准备及烹饪时间：40 分钟

■ 特色：

龙须面流传至今已有 300 多年的历史，这如丝如缕的面条由山东抻面演变而来，传说是明代的一位御厨发明的，皇帝吃了此面之后龙颜大悦，从此龙须面便流传开来。用鸡汤做龙须面，显出了龙须面的温柔魅力，清淡鲜美的汤汁更是一碗好面的关键。

■ 做法：

1. 鸡腿洗净剁成小块，在沸水中焯去血水，捞出备用。干香菇泡软，去蒂洗净，和鸡块一起放入锅中。
2. 锅中再放入老姜片、料酒、1000 毫升清水，煮 30 分钟，然后加盐调味。
3. 另起锅，烧水煮面，面熟后捞出，倒入鸡汤和鸡块、香菇，撒上香菜即可。

■ 温馨提示：

1. 蒸制的鸡汤汤汁比较清，也可以直接煮，但煮制的汤汁较浊。
2. 等到鸡腿熟软后再加盐调味，这样肉质比较嫩，同时也可以避免香菇过咸。

● 主料：

龙须面　200g

● 辅料：

鸡腿　2 个（约 100g）
干香菇　5 朵

● 调料：

料酒　1 大匙
老姜　2 片
香菜　适量
盐　适量
清水　1000ml

1

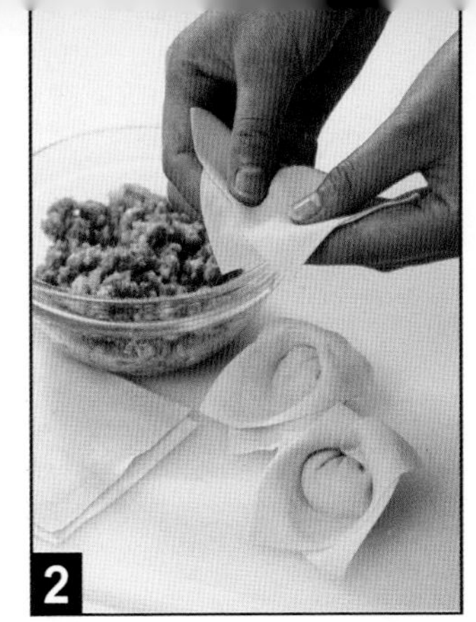
2

3

温柔汇

鲜虾云吞面

准备及烹饪时间：45 分钟

■ 特色：

云吞面是有名的广东风味美食，南方把馄饨叫作“云吞”，但是不要认为这碗云吞面就是面条加馄饨那么简单，有韧度的面、鲜虾云吞馅，还有鲜美的汤，都是很讲究的。吃上一口，滑溜溜地留在口中片刻，鲜美的味道便会温柔地占据你的每一根神经。

■ 做法：

1. 先将一个鸡蛋打散，锅中放油烧热，将鸡蛋摊成蛋饼，盛出切丝备用。取 80 克鲜虾仁切碎，另外两个鸡蛋取蛋清，与切好的鲜虾仁、猪肉馅、盐、鸡精、香油一起搅拌均匀成馅料。
2. 用云吞皮包入馅料，制成 10 只云吞。锅中烧开水，将云吞放入，快熟时加入挂面至全部煮熟，捞出备用。
3. 锅中放少许油加热，放入剩下的鲜虾仁、高汤、少许盐、胡椒粉，大火煮沸，之后浇入云吞面里，再放入鸡蛋丝即可。

■ 温馨提示：

1. 搅拌猪肉馅的时候可以加入少量清水，搅拌至所有水分都被肉馅吸收，如此反复 1～2 次，馅料口感更好。
2. 喜欢的话还可以加上一些焯熟的青菜。

● 主料：

挂面	200g
鲜虾仁	100g
猪肉馅	50g

● 辅料：

云吞皮	10 张
鸡蛋	3 个（约 150g）
高汤	100ml

● 调料：

油	1 大匙
盐	适量
鸡精	适量
胡椒粉	适量
香油	少许

盛装舞步

葱爆鲜虾面

准备及烹饪时间：45 分钟

■ 特色：

如果要为即将享用的面条装扮一番的话，这葱爆鲜虾当然可以算得上是面条的盛装了。它确实有让你看上一眼就抑制不住自己食欲的超强能力。若是别人也看到了这碗面，你只有两种选择——再做一碗，或者马上吃完。

■ 做法：

1. 用小刀在鲜虾后背轻轻划一刀，剔除沙线。
2. 将葱切段，小红辣椒斜切几刀备用。
3. 锅中放少许油，烧热后，加入鲜虾和葱段、小红辣椒段，翻炒几下。加入适量盐、生抽、料酒烹制一下至熟，将虾取出备用。
4. 在剩下的汤汁里加入高汤，水沸腾后加入炒好的虾和面条，煮两开即熟。最后加入鸡精、胡椒粉即可。

■ 温馨提示：

除了使用外面卖的高汤罐头外，还可以自己在家熬制高汤——老鸡加水，放少许料酒去腥，烧开后去浮沫，改小火熬至肉烂骨酥。取汤，用纱布过滤杂质，等到汤冷后，去掉上面凝固的浮油即可。

● 主料：

挂面 200g
鲜虾 100g

● 辅料：

高汤 500ml
小红辣椒 10 个

● 调料：

料酒 1 小匙
油 2 大匙
盐 1 小匙
胡椒粉 少许
鸡精 1/2 小匙
葱 10g
生抽 1 小匙

1

2

3

更愿意被它俘虏

海鲜咖喱乌冬面

准备及烹饪时间：20 分钟

■ 特色：

咖喱这个词源于坦米尔语，意思是许多香料放在一起煮，在面条的世界里，它是勾人的魔鬼，飘到哪里，哪里的人便会被它的魔力控制。而在面对这碗海鲜咖喱乌冬面时，相信大多数人都愿意选择被它俘虏，吃光一碗还想再吃。

■ 做法：

1. 西蓝花洗净，撕成小朵备用。将鱼片、草虾、蛤蜊、海带放入沸水中焯熟后捞出备用。
2. 另取一锅，加高汤，放入乌冬面煮 5 分钟，煮开后转中火，放入咖喱粉、鸡精和盐调味。
3. 放入西蓝花、鱼片、草虾、蛤蜊、海带，一起再煮 2 分钟即可。

■ 温馨提示：

1. 乌冬面比较吸热，吃的时候要小心烫嘴。
2. 乌冬面还有很多其他的吃法——可以炒，可以煮，也可以和清爽的酱汁混合成为消暑美食。

● 主料：

乌冬面	200g

● 辅料：

鱼片	100g
草虾	50g
海带	50g
西蓝花	50g
蛤蜊	适量
高汤	100g

● 调料：

咖喱粉	1 大匙
鸡精	少许
盐	少许

风靡中国的西餐

肉酱意大利面

准备及烹饪时间：60 分钟

■ 特色：

意大利面也许是中国人最易接受，也最爱吃的西餐了，配上自己做的肉酱，味道更是五星级！馋嘴的人喜欢它的香浓和筋道，正在减肥的人喜欢它的低热量，注重营养的人对它更放心——总之它算得上是人见人爱了。

■ 做法：

1. 番茄去皮切小丁，西芹和胡萝卜洗净，也切成同样大小的丁，洋葱洗净切丝，牛肉剁碎备用。
2. 锅中放橄榄油烧热，放入洋葱丝炒香，再放入牛肉碎炒 5 分钟，之后放入西芹丁、胡萝卜丁和青豆略炒 1 分钟，最后加入番茄丁和番茄酱炒匀。
3. 加入盐、黑胡椒粉、白砂糖、迷迭香、罗勒叶、少量水，大火烧开，然后转小火炖 30 分钟制成肉酱。中间要不时搅拌一下，以防煳底。
4. 净锅中放水，加盐烧开，放入意大利面，煮 15 分钟至熟，捞出沥干水分，装盘浇上肉酱、撒上干酪末即可。

■ 温馨提示：

1. 为了让意大利面入味，煮面的水中要先加入少许盐。
2. 在肉酱中可以加入一些口蘑碎，味道非常不错。
3. 迷迭香和罗勒叶等香料在大的超市里都能买到。

● 主料：

意大利面	200g

● 辅料：

牛肉	200g
洋葱	1 个
番茄	2 个
胡萝卜	1 根
西芹	1 根
青豆	适量

● 调料：

橄榄油	100ml
番茄酱	4 匙
黑胡椒粉	1 匙
白砂糖	适量
盐	适量
干酪末	适量
新鲜迷迭香	适量
罗勒叶	适量

创新万岁

日式海鲜炒面

准备及烹饪时间：35 分钟

■ 特色：

意大利面可不止一种做法，创新的精妙之处在于你的奇思妙想，在于最后的新奇享受。用日式海鲜炒面的方法炒制意大利面，新鲜的搭配，绝对算得上是前无古人的做法。

■ 做法：

1. 蘑菇洗净切片，大蒜切末，红椒、青椒、洋葱洗净切丝。
2. 锅中烧开水，放入意大利面煮10分钟，捞出过凉水，沥干水分。
3. 锅中放油烧热，放入鱼片、虾仁、蟹肉棒炒熟，然后放入红椒丝、青椒丝、洋葱丝、蘑菇片、蒜末炒香炒熟。
4. 最后加入意大利面炒匀，放入生抽、鸡精和盐炒匀，撒上葱花即可。

■ 温馨提示：

炒面中可以加入的海鲜种类很多，如小鲍鱼、牡蛎、花蛤、鱿鱼等，还可以加入鸡肉、牛肉、培根等，均依个人喜好而定。

● 主料：

意大利面 200g

● 辅料：

鱼片 80g
红椒 30g
青椒 30g
洋葱 20g
蘑菇 10g
虾仁 50g
蟹肉棒 100g

● 调料：

油 50ml
生抽 1 大匙
鸡精 少许
盐 少许
大蒜 1 瓣
葱花 少许

你知道面粉有哪些种类吗？不同的面粉有什么区别，都适用于制作哪些面食？方便面、乌冬面，以及意大利面都有什么特点？还有，什么是和面、揉面、饧面、擀面……我们不光要会吃，还要会做；就算是不会做，那至少也要做个“知道分子”吧，因为“知道”本身也是件开心的事儿。接下来就要介绍上面提到的所有技巧，让你一股脑儿全知道！

面的门道

历史悠久的面条

不要小看这一根根的面条，它们可是大有来头、大有门道的。面条，是中国饮食中的一项伟大发明，现在已经成了世界性的食品，意大利、阿拉伯等国家都曾宣称面条为自己所发明，直到英国《自然》杂志发表了一篇论文，称中国考古学者在青海省喇家新石器遗址中，发现了一个倒扣的碗，里面的东西很像拉面，只有不到 0.3 厘米的粗细，但长度超过 50 厘米。经测定，这就是用谷物制成的最早的面条，距今已有 4000 年的历史了。面条的发明者之争，也就此结束。

史书上关于面条的记载始于汉代。那个时候，面条这个名字还没有诞生，所有的面食统称“饼”，面条是煮熟的，所以在当时被称为“汤饼”。汤饼除了条状的，还有将面团扯成片状下锅煮熟的。汤饼发展到魏晋南北朝时期，又多了一些品种，在《齐民要术》中，就记载有“水引”，即香滑的薄面片。再到后来的隋唐五代时期，面条的家族更加壮大，出现了一种很有韧劲的面条，人们戏称它甚至可以充当鞋带。到了宋元时期，出现了挂面。明清之后，加入多种植物原料制成的五香面、八珍面等，皆为上品。

有寓意的面条

面条不仅好吃，而且是有寓意的。今天，许多人过生日的时候讲究吃“长寿面”，其中便有一番来历。

中国人所共知的“三皇五帝”的其中一位帝王名颛顼，其玄孙名铿，也就是彭祖，传说活了 767 岁。后来到汉武帝时，一天退朝之后，大臣们在一起闲谈，话题转到了长寿。有人说“长寿者脸长”，也有人说“人中长者长寿”，后来大臣东方朔在一旁说，若真是如此，彭祖活了近 800 岁，脸不知要有多长！说罢，引得群臣捧腹大笑。这话传到了民间，人们口口相传，脸长被传成了面长，“面长寿长”的说法也就流传了下来。后人为了图个吉利，慢慢形成了吃长寿面的习俗。

和面有讲究的面条

有着丰厚文化底蕴的面条，今天成了我们餐桌上必不可少的主食之一。许多人喜欢吃自制面条，因为这种面韧劲足，味道好。自己制作面条，和面是第一关，刚下厨房的新手们，难免会遇到些难题。

和面的时候，先把面粉倒入面盆中，在中心扒开一个凹坑，然后倒入清水。对水量的把握非常关键，许多人做面条失败的原因也在于此。一般来讲，500 克面粉需要加 200 毫升左右的清水，如果水加多了，和出的面就会偏软，做出的面条不仅容易糊汤，吃起来也没有韧劲，所以制作面条的面应该和得稍硬一些。水可以不用一次全部倒入，先倒一些，从坑外向坑内推填面粉，然后用筷子顺着一个方向搅，边搅边缓缓地加入剩下的水。搅到出现许多小面团的时候，再用手将其揉成一个大的面团，同时在案板上撒上一些干面粉，将面团放在上面。

接下来是揉面，这算得上是个力气活，具体的方法是：一只手扶着面团，另一只手按压面团，然后提起手中的部分叠压在上面，紧接着另一只手进行同样的步骤。揉面的时候要双手交替不间断地揉才可以。觉得面团韧劲十足了，就可以静置饧面，饧的时候面上要盖一块湿布，以免面团表面变干，之后就可以开始制作面条了。

和面的时候，可能会碰到盆粘面的情况。想要和面时做到盆内干净，可以在和面之前将空盆加热，使其内部水蒸气蒸发，盆的温度到 30～40℃的时候，就可以在里面和面了。

自家做的面最香

现在大多数人经常去外面买现成的面条，有没有想过自己在家做面条？有人可能怕麻烦，有人可能怕自己做不好，其实大可不必如此犹豫。因为自己做面条其实并不复杂，而且过程中充满了乐趣，就算第一次做不好，下次也一定会有大幅度进步。不要放弃这种与面的亲密接触，因为只有自己做的面才是最香的面!

手擀面

吃过许许多多种面条，只有这手擀面最让人难忘。筋道、有嚼劲，浇上料之后喷香诱人，无论何时，吃上一碗手擀面，都是无上礼遇。轿车之中只有劳斯莱斯、宾利是纯手工打造，它们都是车中的极品，而这从未经过任何机械加工的手擀面，也可以算得上面条中的极品了。

1. 将适量面粉放在面盆里面，放入两个鸡蛋和适量的水、少许盐（放入鸡蛋可以让面更筋道）。

2. 先用筷子搅拌，这样可以避免手上沾满面浆，防止面都粘到手上，造成浪费。

3. 然后用手把面和成面团，和面的时候要做到“三光”——面光、手光、盆光。

4. 在面团上盖上一块潮湿的纱布，静置饧 20 分钟左右。

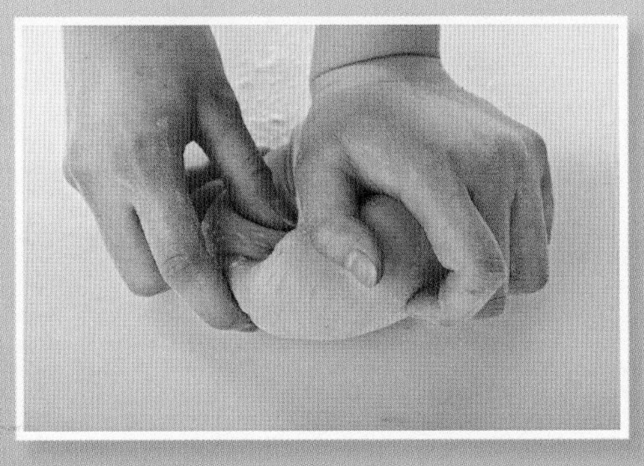

5. 饧好后继续加入少量面粉，用力揉面。揉面时力道越大，煮好的面就越筋道！

6. 如果擀面用的菜板比较小，可以将大面团分成几小块再擀!

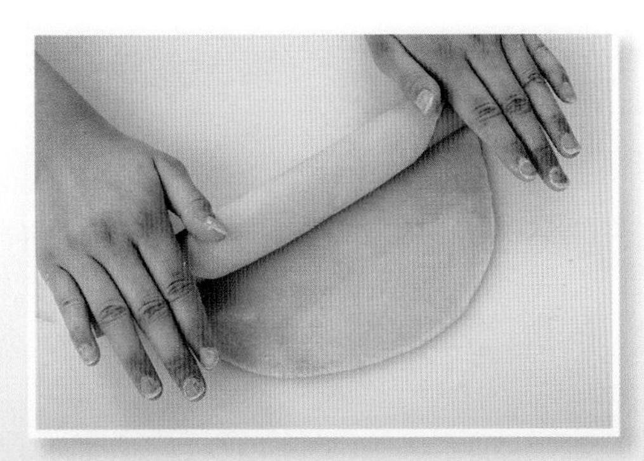

7. 将面团擀成一个大面片，擀面片时要不时撒上些面粉防止粘连。

8. 面片擀好后，要在面片的前后拍上面粉防止粘连，然后将面片折成几折。

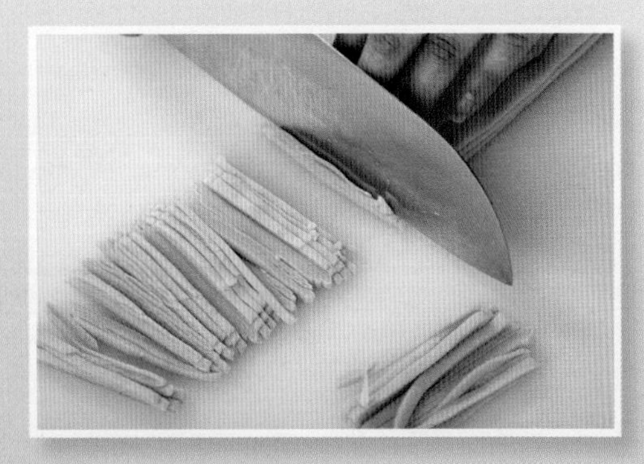

9. 将折好的面片切成想要的粗细。

10. 拿住面的一端，轻轻抖动。这样也可以去除多余面粉。

11. 水沸腾后入锅煮面，三开即成。

蔬菜面

谁说面条只有白花花的一张脸孔? 谁说面条只有数量没有营养? 各式蔬菜面现在就要闪亮登场。既有不一样的外观，也有丰富的营养，做出来的各种面更是美味无比。这里仅以菠菜面为例，这种做法同样适用于胡萝卜面、紫甘蓝面等。

1. 将菠菜洗净，切碎。

2. 将切好的菠菜放入搅拌器里榨汁，之前可适当加水，但不要加太多。

3. 将菠菜汁倒入面粉中。

4. 先用筷子进行搅拌。

5. 再将搅好的面和成光滑的面团。

最后可以按照制作手擀面的方法将其制成菠菜面条，然后做成红、黄、绿三色相间的西红柿鸡蛋菠菜面，或者用它来制作一次与众不同的炸酱菠菜面。无论是酸酸甜甜的配料，还是浓香诱人的浇头，和蔬菜面在一起，都能为你呈现一道美食盛宴。

面面俱到

“面”家族谱

普通挂面

挂面是用小麦粉添加少量盐、碱、水后，经过悬挂、干燥等步骤制成的面条。它在面的家族里是最为常见的品种，从诞生到现在已经有近千年的历史。中国的制面技术在元代由马可·波罗传到了欧洲，随后流传到世界各地。

挑选挂面的时候要先从外观上观察，色泽要洁白且均匀，闻上去没有酸味或发霉的味道，其次包装应该整齐结实，因为一般大厂家都是采用全自动机械化生产线包装。也可以在烹饪时鉴别挂面的质量——优质挂面煮好后汤不浑、面不黏。

煮制挂面的时候也有讲究，为了避免煮出来的面条夹生，首先要注意不能用旺火煮，因为这样会让面条外层立刻形成一层膜，影响热传递，导致里面夹生。

花色挂面

花色挂面是在普通挂面的基础上改良而成的，主要是通过在普通挂面中添加各种特殊辅料制成。这种花色挂面的营养比普通挂面更加丰富，现在也越来越受到人们的欢迎。

花色挂面一般有以下几种：鸡蛋挂面、荞麦挂面、菠菜挂面、西红柿挂面、绿豆挂面、胡萝卜挂面、海带挂面，等等。在挑选的时候，除了遵循前面提到的挂面的挑选方法外，还要注意，花色挂面闻上去应该有辅料的气味，这种味道在煮熟之后也能闻到。

乌冬面

乌冬面是东洋舶来品，因为在日语中它的发音为“うどん”，音译过来就叫“乌冬”，也有地方叫乌龙面。

这种面是以小麦为原料制成的，和中国的切面有些类似。乌冬面的粗细和长度都有特殊的要求，一般圆面的直径要大于1.7毫米，角面的宽度也应该在1.7毫米以上，所以乌冬面给我们的第一印象就是“粗”。

意大利面

意大利有许多美食，最有名的除了比萨，就是意大利面了。这意大利面可以算得上是马可·波罗无意中的发明，他从中国学到了面条的制法之后，想带回自己的故乡，但是路途遥远，面条无法保存，他便想出了一种干燥法，能很好地保存面条，于是，意大利面就诞生了。

意大利面在意大利语中被称为“Pasta”，可细分为许多种，有管面、蝴蝶面、贝壳面、螺旋面等，数不胜数。还有一种鸡蛋面，更富有弹性。

手工挂面

手工挂面是挂面的一种，一般以精小麦粉为原料，用食盐调味，从和面、搓条到拉抻、吊面等工序全部是纯手工操作，最后自然垂成长度一致、粗细均匀的挂面。切好之后，成捆包装，口感味道俱佳。

许多地方的手工挂面都富有当地特色，并且是有名的地方特产。像陕西岐山的手工挂面就非常有名，在清朝光绪年间，岐山手工挂面还曾经是皇宫贡品。

方便面

方便面是日本人对面条的一大创新，但其最早的起源据说还是在中国。在扬州，有一位知府姓伊，他家中的厨子在面粉中加入了鸡蛋，制成面条之后先煮后炸，之后晾干。这样的面条可以随时煮软食用，这也许就是方便面的雏形了。

另一种说法是，在日本有一位叫安藤百福的卖面小贩，一天，他看到人们在他的摊位前排起了几十米长的队，就想，若是有一种面能够只用开水冲泡即可食用，那一定会大受欢迎。于是，他开始埋头钻研这种面的制法，夜以继日地试验，终于从他夫人的一道油炸菜中得到灵感，发明了今天全世界人都在吃的方便面。

一面百吃

面条的魅力在于它的百变搭配。首先，面条的原料多种多样，除了普通的挂面之外，还有鸡蛋面、荞麦面、蔬菜面等口味不一、形状各异的面。同时面条的做法也不止一种，除了煮面之外，还有炒面、拌面、卤面等；此外，菜卤、浇头等更是数不胜数，有西红柿鸡蛋、榨菜肉丝、黄豆肉末、茄子肉丁……还有丰盛的打卤面、菜码众多的老北京炸酱面、各种蔬菜和肉类制成的荤素结合的炒面，以及用美味的海鲜制成的鲜汤捞面，等等——面的家族绝对是让你难以想象的。

百般讲究

家常炸酱面

家常炸酱面，算得上是最讲究做法的面了。自己做的韧劲十足的手擀面，再浇上自己做的飘香炸酱，还有众多的菜码，有了此等美味，夫复何求？就是鲍翅上桌也不换！炸酱面的炸酱是精华，制作起来比较讲究，下面就来为刚下厨房的新手们揭开炸酱的秘密。

准备材料：

五花肉、葱花、蒜末、大料、捣碎的冰糖、料酒、酱油。

还有两个重量级配料，一个是甜面酱，还有一个就是干黄酱，二者比例为1：3。

1. 将五花肉切成细碎的小肉丁。喜欢有嚼头的话，可以连着肉皮切。

2. 先将干黄酱兑水调开，再放入甜面酱，混合均匀备用。

3. 锅中放少许油烧热，先放入大料，煸出香味取出。然后放蒜末和五花肉，中火将五花肉的水分炒干，之后继续炒至五花肉中的油析出。

4. 放入料酒、酱油、葱花炒匀。

5. 放入调好的酱，小火炒至油酱分离，并不时轻轻搅拌。

6. 加适量白糖炒匀，再放点葱花，正宗的老北京炸酱就做好了。

1

2

3

让你肚饱还眼馋

茄子肉丁面

夏天，一碗茄子肉丁面是许多人的最爱。这道面食不仅咸香适口，关键是热吃、凉吃都很好吃。一碗吃完，肚中已饱，怎奈那不争气的双眼，始终不舍得将视线从茄子肉丁面上挪开。

准备些圆茄子，切小丁，再把青椒和肉切好。热油锅先炒肉丁，然后再炒茄子并将茄子焖熟焖烂，加上青椒继续翻炒几下，调味之后就可以浇在面上了。喜欢吃辣的人大可以把青椒换成尖椒。需要注意的是，制作茄子肉丁卤的时候，要比平时炒菜的口味稍咸一些。

夜市里的美味——炒面

夜市里，炒面的摊位前总是人头攒动，不为别的，就为了吃一盘炒面来解解馋。与其去夜市,倒不如自己在家里做,好做又好吃。

准备一些中等粗细的圆面条（圆面条受热均匀),摊开上锅蒸15分钟至熟。蒸的同时，准备炒面的配料。配料是多种多样的，可根据个人的喜好添加。切好配料之后，面也差不多熟了。将面从锅中取出，先炝锅，再炒配料，最后放入面条一起炒；喜欢的话，在出锅之前可以放入一些蒜末。炒面的时候要注意,一些容易熟的蔬菜配料可以延后放入。

炒面的用料和制作方法都很灵活，口味也多种多样。不同地方的炒面做法不同，有的将煮剩下的面，隔顿加上配料炒着吃；有的用蒸锅蒸熟，加上配菜翻炒；有的炒好配菜，再放入生面抖散，用热气焖熟，如前面菜谱中提到的扁豆焖面。不同的做法，味道大不相同。

吃完面面喝鲜汤——丸子鲜汤面

美美地吃一碗面，再美美地喝上一碗鲜汤，快哉，妙哉！真喜欢这种被面条伺候得舒舒服服的感觉。

准备一些肉馅和虾仁，再加上黄瓜等配料。先把虾仁洗净剁碎，腌制入味，然后制成虾丸，再把猪肉馅也如法炮制。把虾丸、肉丸煮熟，加黄瓜片等辅料，调味制成鲜汤，另把面条煮熟，最后来个面汤合一就成了。需要注意的是，不要急着在一开始就把面条煮好，那样等到最后面就会坨了。

无敌鲜美——海鲜煨面

听着名字就想吃，这道用海鲜煨制的面条堪称鲜中极品。面这种方便快捷的食材，其实也可以做得很豪华——海鲜煨面就是这样一碗面。下面介绍的只是一种简单的海鲜煨面，其实做这种面，用料范围非常广泛，螃蟹、蛤蜊等皆在其列。在某些高档面馆，海鲜煨面可以说奢华到了极点，用料中竟有澳洲鲍鱼这等极品货色，当然价格也不菲。

做海鲜煨面首先要制作面卤，将水发墨鱼、水发海参、猪肉等原料切好，和高汤一起用小火煨制，制成面卤。再用高汤把面煮好，倒上面卤就可以开吃了。这里所用的高汤可以是自家制作的，如果图方便，也可以选择购买高汤罐头。

懒人的至宝——三合油拌面

在面的世界里，三合油拌面就是专门为那些懒到极点的人准备的。五味俱全,简单至极，绝佳的口味让人们羡慕着属于懒人的口福。

做法非常简单，把香葱、大蒜、干辣椒（喜欢就放）都切碎，放入酱油、香油、鸡精、香菜末搅匀，然后将煮熟的面条放在里面搅拌均匀就可以了,前后过程总共只需10分钟!

三合油拌面最能体现面的美——短短几分钟，只用调料即可完成，却能让人吃得美美的，遍观美食，只此三合油拌面一者。它恰恰向我们展现了面的无穷魅力，无论你如何对待它，或庄重，或随意，或简单，或豪华……它都能拿出看家的本领，让你心满意足——这就是你最需要的美味，也是属于你最美的美食。

“薇薇小厨”图书及工作团队介绍

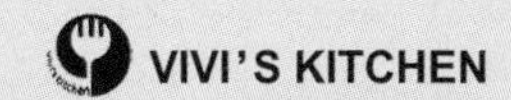

掀起厨房革命，让生活更美好！

我们是一个快乐而且勤奋的团队。我们不但喜欢做菜，更热爱生活。所以虽然我们有着远大的理想，但是工作起来，更脚踏实地，更目标明确、有条不紊。我们喜欢我们的工作，但是绝不要当工作狂人。因为只有开心做菜，我们才可以给你提供开心的食谱。我们珍惜生活中的每一个美丽元素，喜欢将精致的美食融入生活。我们的成员中有烹调专家、摄影专家、创意奇人、设计高手……但是我们不想炫耀什么，只想和每个热爱美食、热爱生活的人分享我们的快乐。所有这一切，组成了“薇薇小厨”。

从零开始学做菜

《无肉不欢》 ¥18.80

在许许多多的美食当中，只有肉是最让人垂涎欲滴的了，肉总能让人浮想联翩——糖醋排骨、鱼香肉丝、木须肉、红烧肉……

我们给你呈现了最经典、最好吃的肉，同时也是最营养健康的肉，赶紧去为自己解解馋吧！

《一天一蔬菜》 ¥18.80

厨房中最容易打交道的就是蔬菜了，做起来简单，吃起来好吃，而且还是最健康的。

其实蔬菜从色彩、口感、味道、营养等方面都绝对不逊色于荤菜，而且蔬菜也是膳食结构中重要的一环。为了我们的健康——多吃些蔬菜吧！

《天天见面》 ¥18.80

在所有的主食中，面条是最百搭的，无论是什么样的卤、浇头，等等，只要你喜欢，就可以香喷喷地大吃一顿。这是一本专门献给爱吃面食的老饕们的面条圣经。在本书中，每个人都能找到适合自己以及家人的美味。

《懒人食谱》 ¥18.80

根据平衡膳食宝塔，为你量身定做的懒人营养美食套餐。选用最需要的食材，用省事、快捷的方式烹饪，全方位照顾身体的需要，呵护您的胃，让您在美味中释放压力，让您吃出美丽、吃出健康、吃出品位。

《好汤入心》 ¥18.80

最能让人身心融化的美味，唯靓汤莫属。汤可以将百味融入，每一样食材都可以随着时间的推移，将其营养丝丝融入汤品之中。煲汤并不是一件复杂的事，你只需要按照我们满带诚意的汤谱，定能煲出一锅滋补温情的好汤来。

《无敌家宴》 ¥18.80

生活中的快乐就是和家人朋友一起分享，让快乐随着你亲手烹制的美食传递。本书以营养与美味为前提，为你推荐了中西式传统美味佳肴的经典范例、菜式的烹饪建议、美食最适宜登场的时间顺序，是你宴请宾朋的无敌指南。本书中的所有美食，都是你的参考。

《百变米饭》 ¥18.80

本书介绍了各种由米饭制作的经典美味，融合各种营养搭配和花样翻新，美妙滋味让人无法抵挡。米饭的世界，就像一扇不经意间开启的门，里面充满着奇妙与乐趣，给你接连不断的惊喜。

《好吃不过海鲜》 ¥18.80

海鲜的种类多多，带给人的美味诱惑也是无穷的。无论是谁，都挡不住海鲜散发出来的那种无与伦比的鲜美之味。根据本书，只需要简单的几个步骤，就能让各款海鲜变成自家餐桌上的美味盛宴。

《来自星星的菜》 ¥18.80

人们喜欢韩国菜，不仅仅因为泡菜的简单、冷面的凉爽、烤肉的美味，更因为韩国菜中丰富而巧妙的搭配……如果你够细致、够馋嘴，按照本书教授方法，做出美味而正宗的韩国菜并不是什么难事。

《亲爱的西餐》 ¥18.80

西餐已经不再是过去人们印象中"奢华"的代名词，今天，它一样可以走进我们自家的厨房。经过你的一番巧手加工，就能安坐家中品尝带有世界各地风情特色的美食……

主 编：高瑞珊
编 辑：HT 卢 忠 刘 丹
美术编辑：招 财

关于我们

"薇薇小厨"是国内一家专门从事生活类平面媒体制作的知名机构，旗下的品牌（包括摄影、编辑、设计、印刷等），团队成员不仅包括国家烹饪协会会员，还有中餐、西餐烹饪专家，以及国际一流摄影师、美食造型师、国家注册专业高级营养师、注册品酒师等，他们曾经策划制作了国内最好的美食丛书。现在，"薇薇小厨"将以最精美的视觉效果、最贴心实用的菜谱、最温馨的厨房烹饪技巧，在这个注重品位与健康的时代，引领新一波的美食浪潮。

"薇薇小厨"一直研究各类厨房用品、美食用料，并且熟悉国内外所有知名品牌的厨房产品。也曾经为许多国际、国内知名客户提供过专业的策划、拍摄、编辑、设计等全套印刷服务。